À LIRE DANS LE NOIR

LE LIVRE DE L'ESPACE

Conception et production
Nicholas Harris et Claire Aston, Orpheus Books Ltd, Oxford (Grande-Bretagne)

Titre original : *The Glow in the Dark Book of Space*

Texte
Nicholas Harris

Illustrations
Sebastian Quigley (Linden Artists)

Consultant
David Hawksett, UK Planetary Forum

Édition française

www.casterman.com

Traduction et adaptation
Nadège Verrier

Mise en page
Pierre Clavère

ISBN 2-203-15345-8
Dépôt légal : septembre 2002; D 2002/0053/327

Déposé au ministère de la Justice, Paris
(loi n°49.956 du 16 juillet 1949 sur les publications destinées à la jeunesse).

Imprimé en Chine

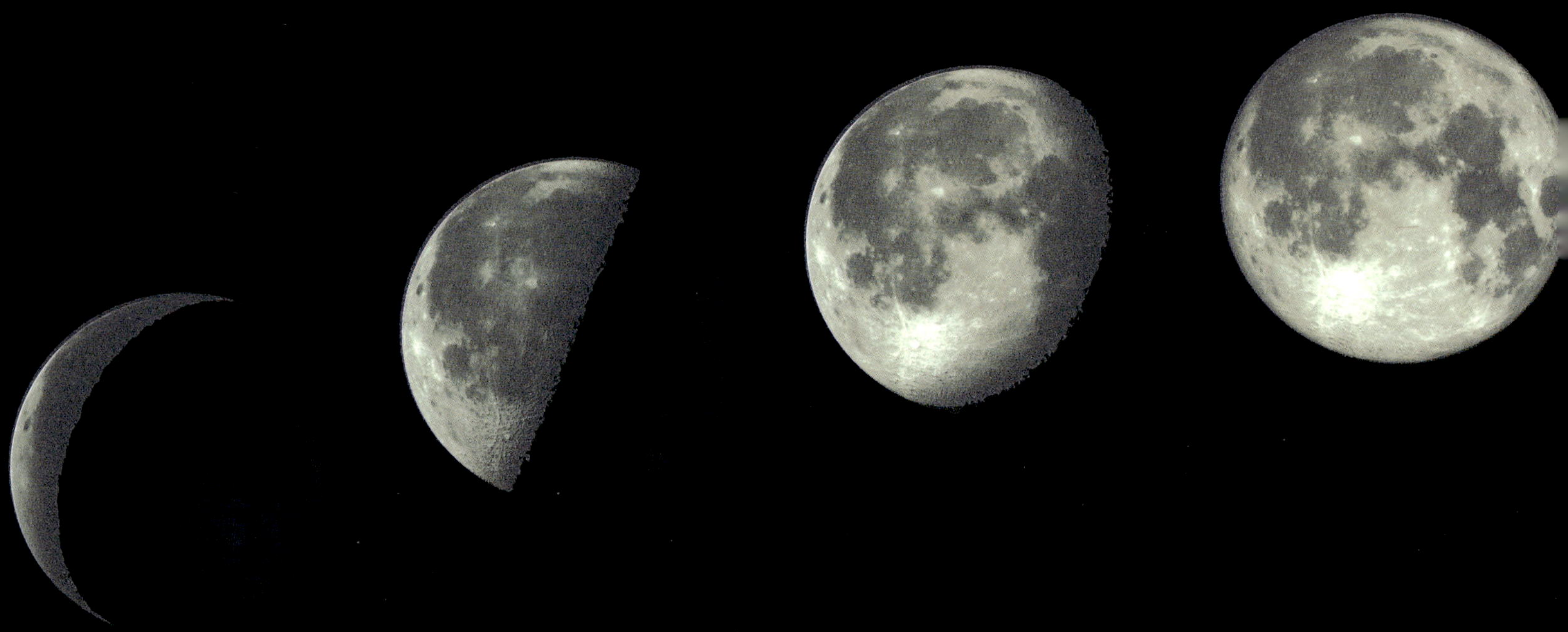

À LIRE DANS LE NOIR

LE LIVRE DE L'ESPACE

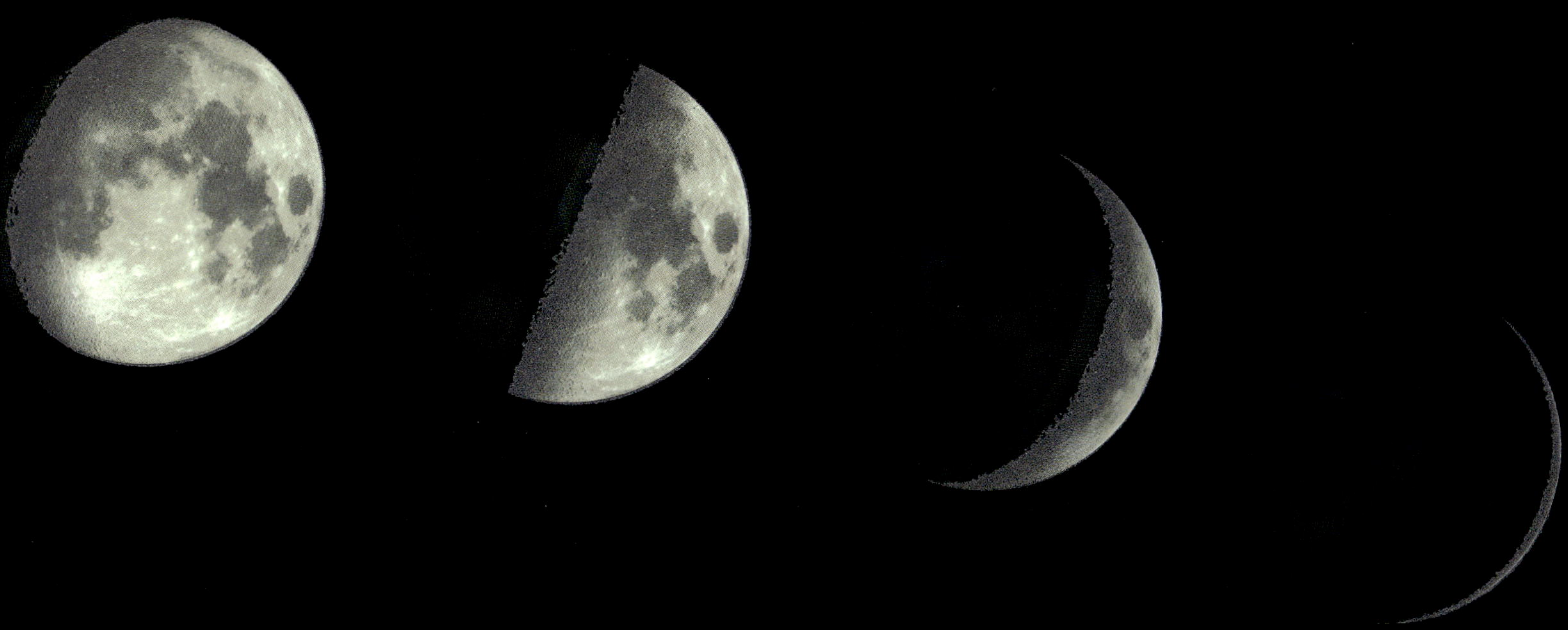

casterman

Mars

SOMMAIRE

L'espace, tel que nous le concevons, est l'immensité obscure au-delà de la Terre. Si la lumière du soleil illumine le ciel pendant la journée, la nuit, d'autres corps célestes deviennent visibles : les étoiles, la Voie lactée, la Lune, les étoiles filantes et bien d'autres.
Nous les voyons parce qu'ils brillent, soit grâce à la lumière qu'ils dégagent eux-mêmes, soit parce qu'ils sont éclairés par la lumière du Soleil. Nous allons aussi voir dans ce livre des objets qui scintillent dans le ciel.
Les pages dont le texte et les illustrations brillent dans le noir sont celles marquées d'un coin rouge.
Gardez le livre ouvert sous la lumière pendant 20 secondes environ puis éteignez.
Bienvenue dans le monde lumineux des étoiles !

la Voie lactée

À PROPOS DE CE LIVRE

Observez le ciel par une belle nuit claire. Qu'est-ce qui brille le plus ? La plupart du temps, il s'agit de la Lune. Si elle semble si grosse et si lumineuse, c'est parce qu'elle est notre plus proche voisine dans l'espace. Même si elles nous paraissent minuscules, les étoiles sont pourtant gigantesques, plusieurs milliers de fois plus grosses que la Terre !

LE CIEL NOCTURNE

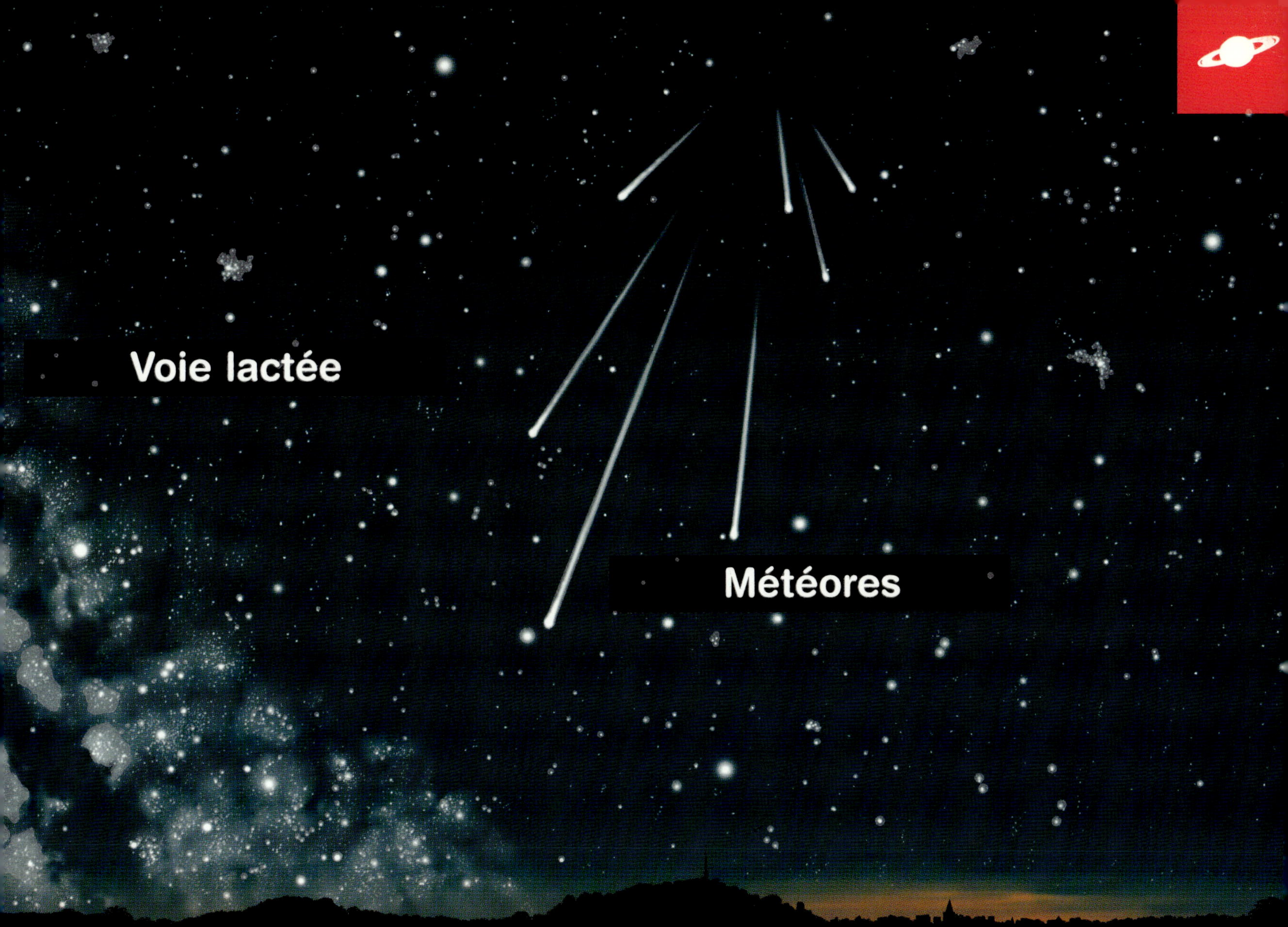

Toutes celles que nous voyons font partie de la Voie lactée. Vu de la Terre, l'un des bras spiraux de notre Galaxie ressemble à une traînée d'étoiles traversant le ciel, un « nuage de lait » qui lui a donné son nom.

Peut-être apercevrez-vous une comète traverser le ciel, ou encore un météore, bref éclair de lumière dû au frottement d'une météorite pénétrant dans l'atmosphère terrestre.

Le Soleil est l’une des milliards d’étoiles qui composent la Galaxie. C’est une gigantesque boule de gaz en fusion qui tourne sur elle-même. Son cœur produit une quantité d’énergie colossale.
En surface, le Soleil bouillonne. D’immenses éruptions de gaz incandescent s’élèvent de temps en temps dans l’espace. Des taches solaires, zones plus sombres et plus froides, apparaissent en surface. Elles durent de quelques heures à plusieurs semaines.

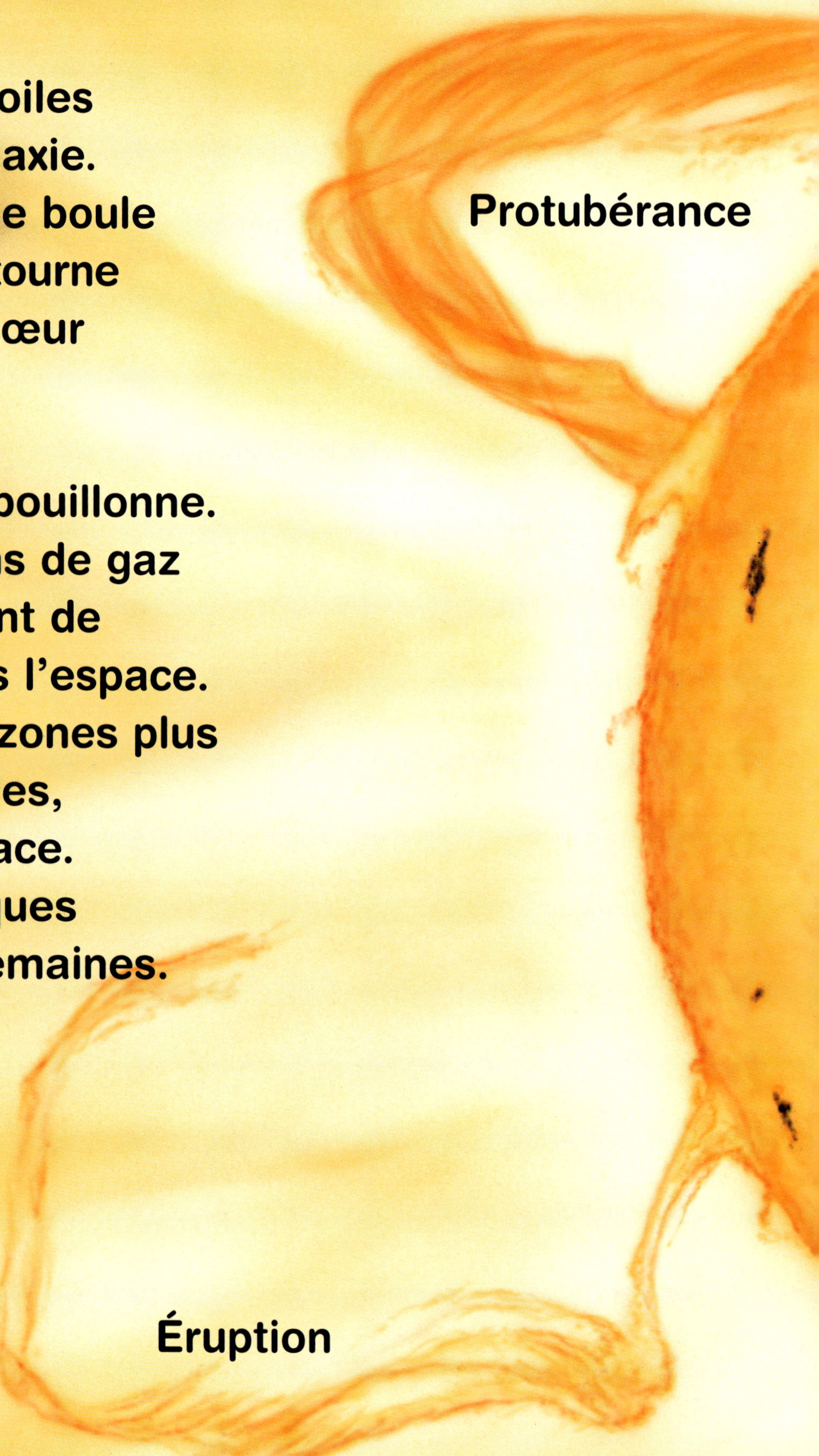

LE SOLEIL

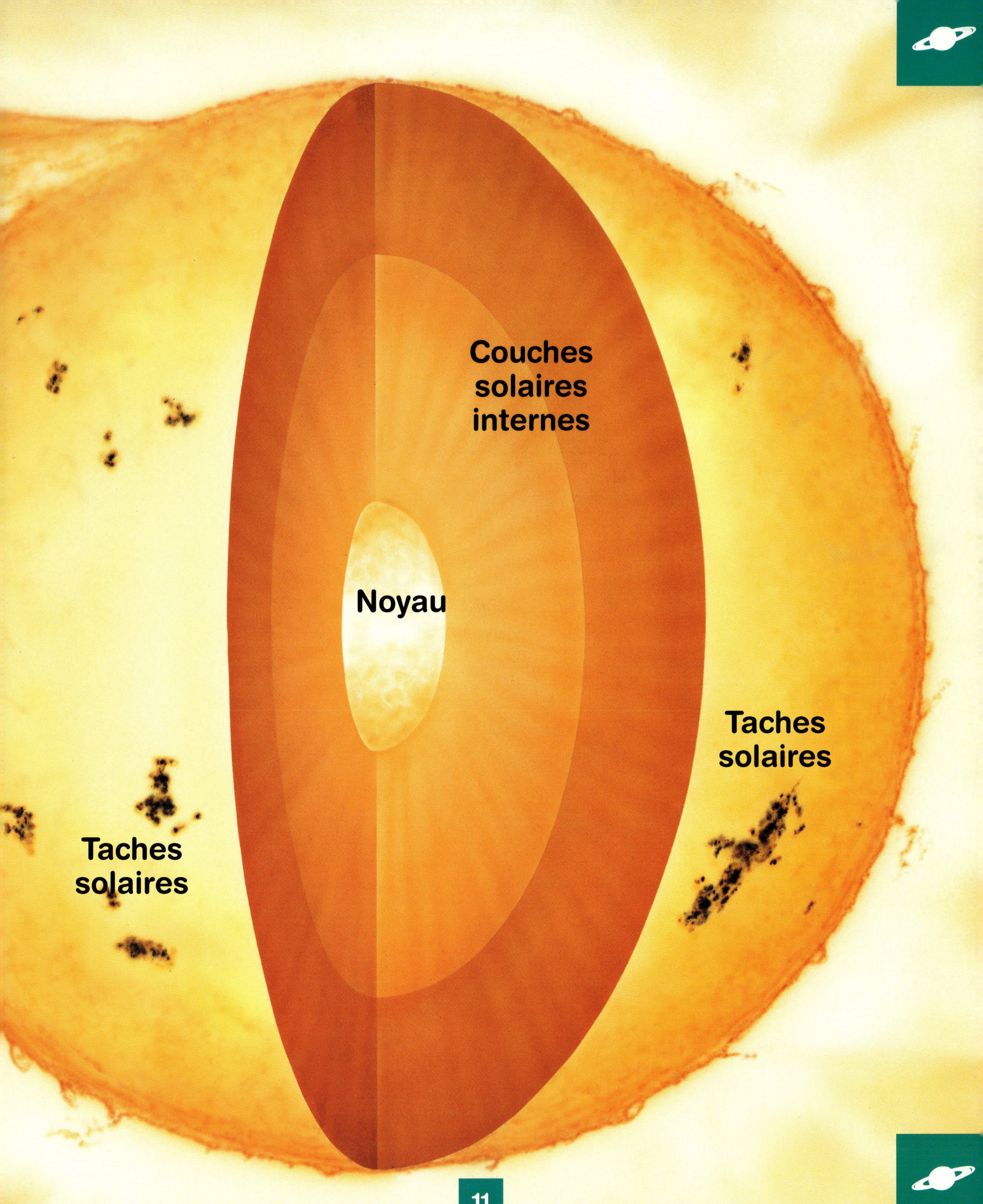
Couches
solaires
internes
Noyau
Taches
solaires
Taches
solaires

Voici la Voie lactée, notre Galaxie, vue du dessus. C'est un gigantesque disque, aplati et renflé au centre, d'environ 200 milliards d'étoiles.
Son mouvement de rotation lui a donné la forme d'une spirale : les étoiles les plus âgées se trouvent au centre ; les plus jeunes sont groupées dans les « bras spiraux ». Le Soleil n'est qu'une parmi les milliards d'étoiles. Il se trouve éloigné du centre, sur l'un des bras spiraux.

NOTRE GALAXIE : UNE SPIRALE D'ÉTOILES

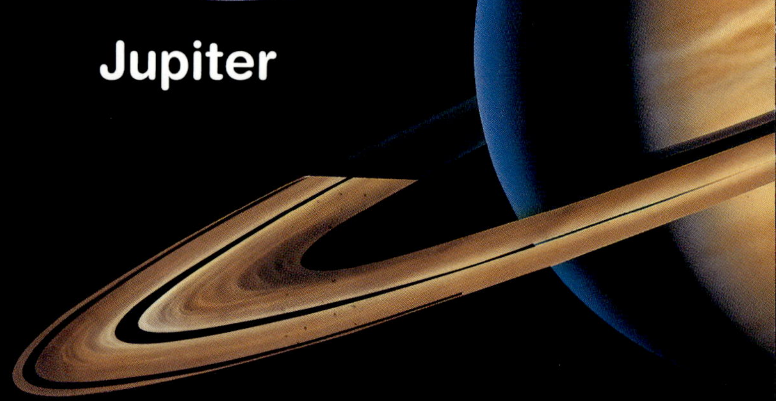

Les planètes du système solaire sont ici représentées à l'échelle. Jupiter est de loin la plus importante : elle est plus grosse que toutes les autres réunies ! Mercure, Vénus, la Terre et Mars sont principalement composées de roches.

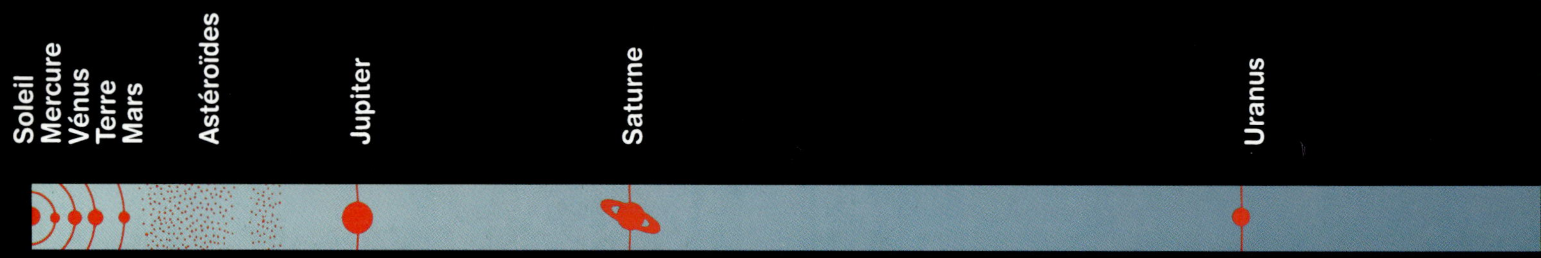

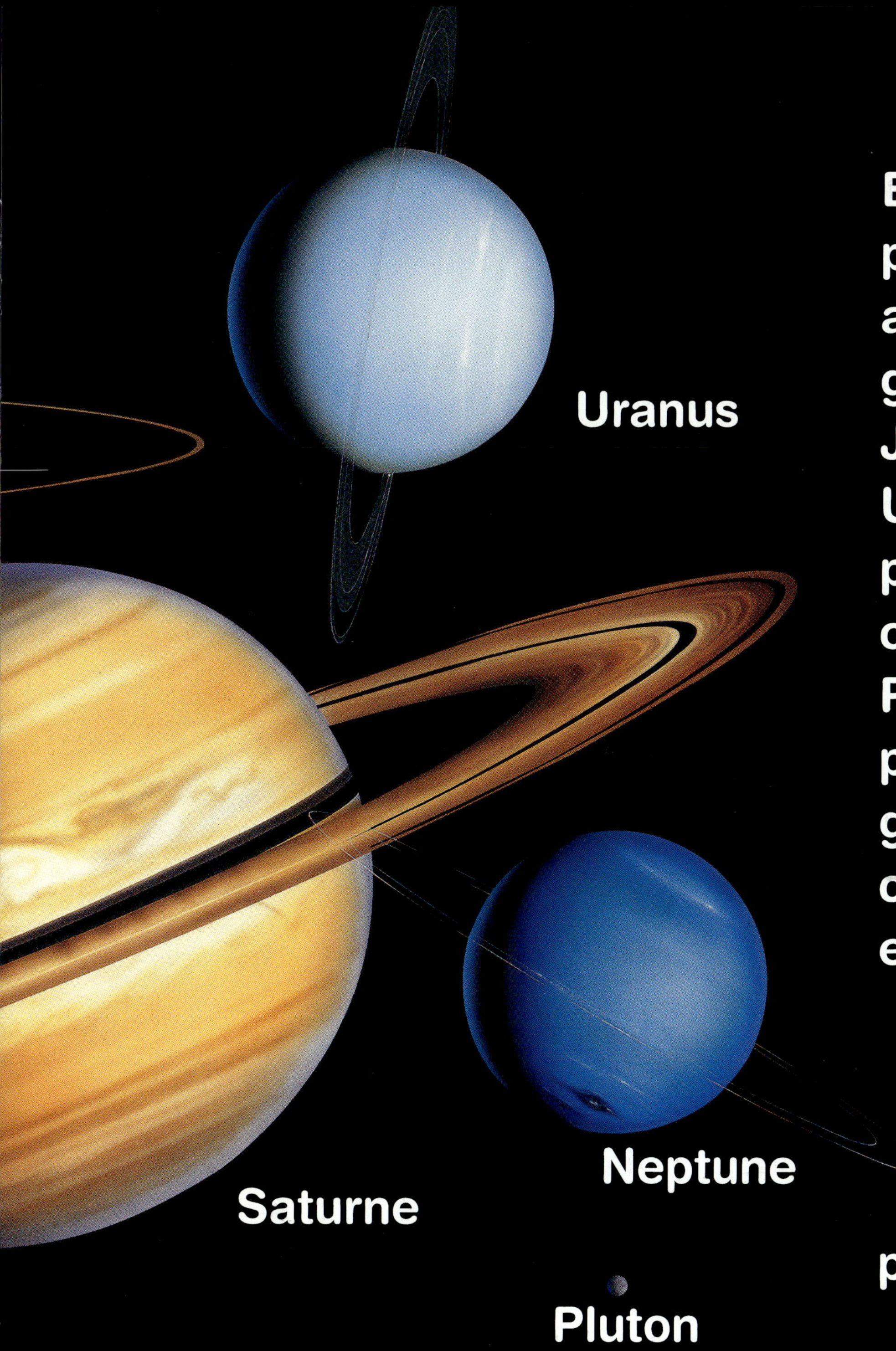

Elles sont bien petites par rapport aux quatre « géantes gazeuses » : Jupiter, Saturne, Uranus et Neptune, principalement constituées de gaz. Pluton fait exception : petite planète gazeuse, elle se compose de glace et de roche. Le schéma ci-dessous, à l'échelle, indique la distance de chaque planète par rapport au Soleil.

LES PLANÈTES

Le système solaire se compose du Soleil, de ses neuf planètes et de leurs lunes, de comètes, d'astéroïdes, de météoroïdes et de grandes quantités de gaz.

Tous ces corps célestes, grands ou petits, gravitent autour du Soleil.

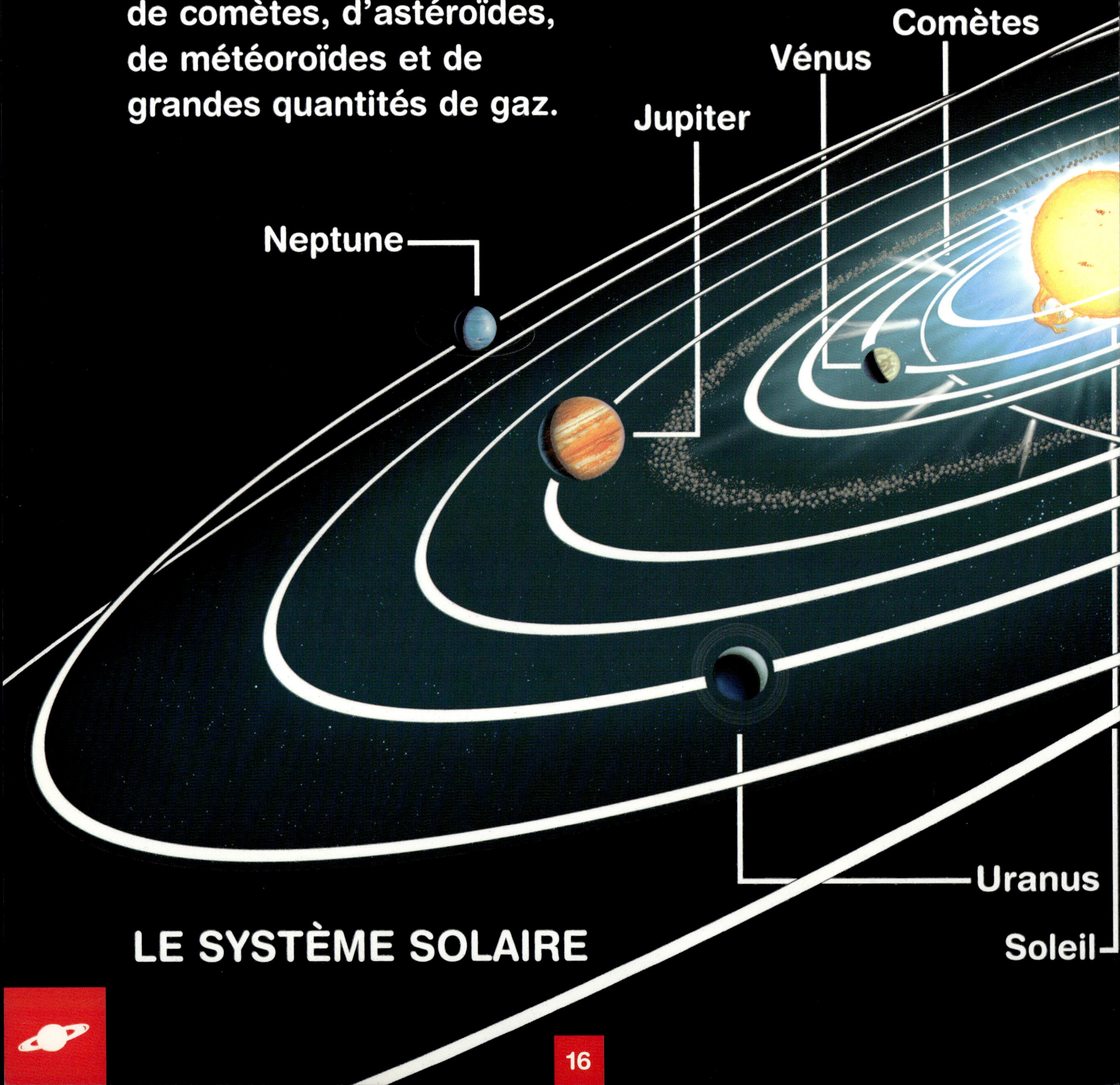

LE SYSTÈME SOLAIRE

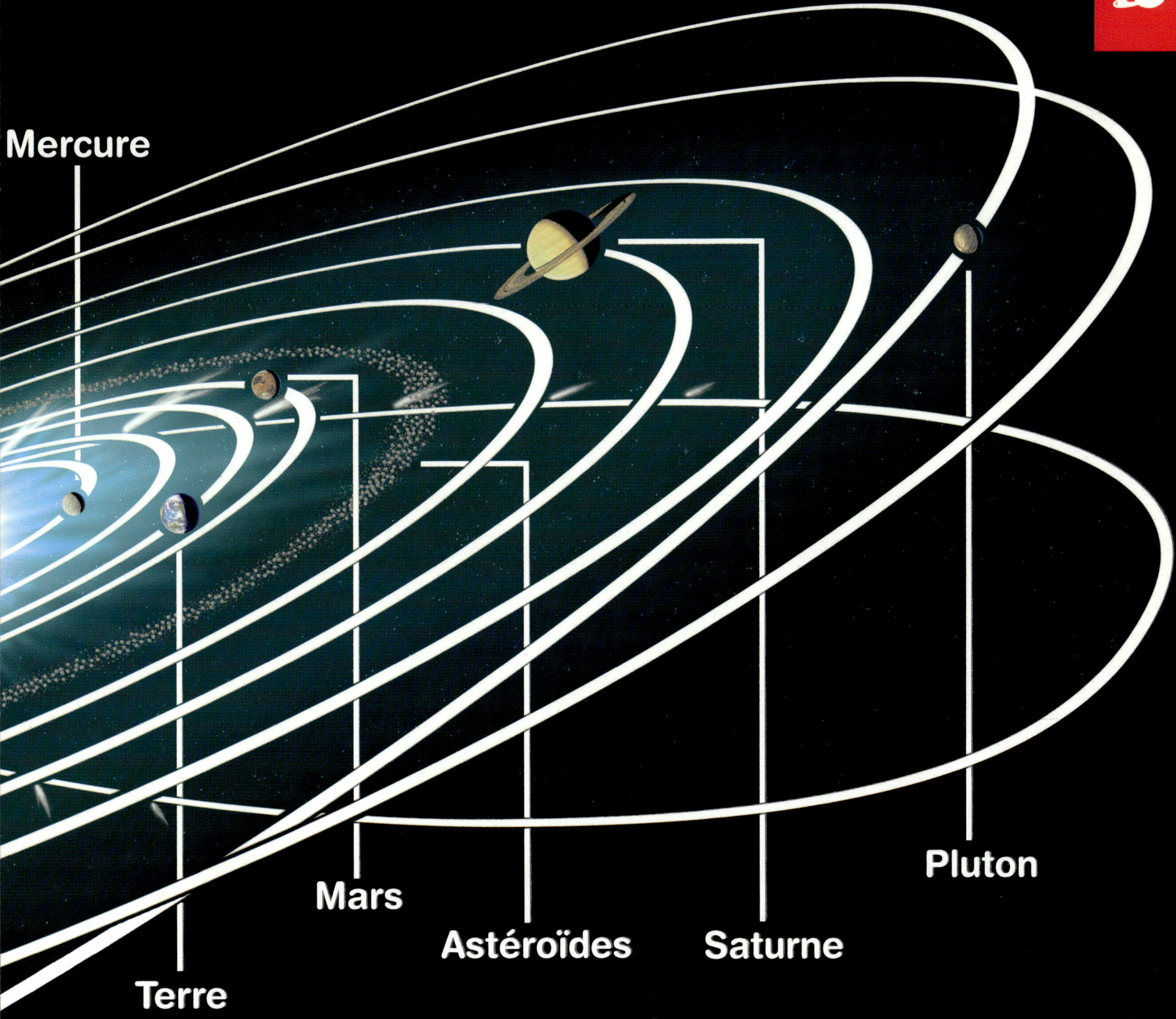

Les planètes tournent autour du Soleil dans la même direction (dans le sens inverse des aiguilles d'une montre sur cette illustration). Pendant une partie de son trajet autour du Soleil, Pluton reste dans l'orbite de Neptune.

Les nuits sont au contraire particulièrement froides.

est assez élevée pour faire fondre le plomb.

LA TERRE est la seule planète à posséder de l'eau sous forme liquide, indispensable à toute forme de vie. Son atmosphère nous protège des rayons solaires nocifs.

Terre

LES PLANÈTES ROCHEUSES

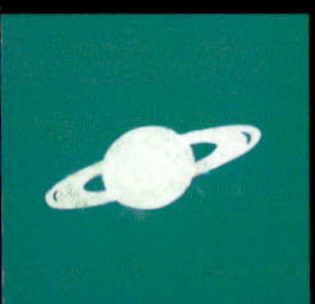

Mars

MARS est surnommée la « Planète rouge » en raison de la couleur du sable qui en recouvre le sol. L'eau a peut-être coulé autrefois sur Mars, même si la planète est aujourd'hui complètement aride. Selon certaines thèses, il n'est pas impossible que la vie ait existé sur la planète par le passé. La seule trace d'eau sur le sol martien est gelée dans les calottes glaciaires.

Astéroïdes

La majorité des **ASTÉROÏDES** se rencontrent dans une ceinture située entre Mars et Jupiter. Les météoroïdes s'approchent parfois de la Terre. Si une comète passe trop près du Soleil, une immense queue de poussières et de gaz se forme sous l'action des rayons solaires.

Comète

La Lune est une sphère rocheuse qui tourne autour de la Terre ; c'est son satellite. À l'exception de Mercure et de Vénus, toutes les planètes ont des lunes. La nôtre, désertique, est trouée de cratères dus aux impacts de météorites. Pourquoi tant de météorites ? Simplement parce que la Lune n'a pas d'atmosphère pour la protéger.

6 Lune gibbeuse

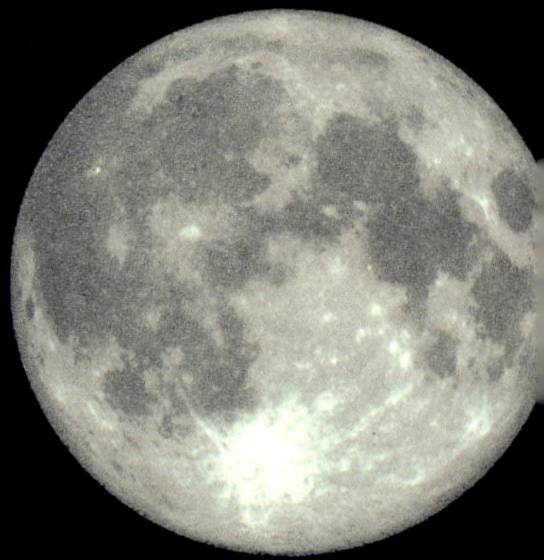

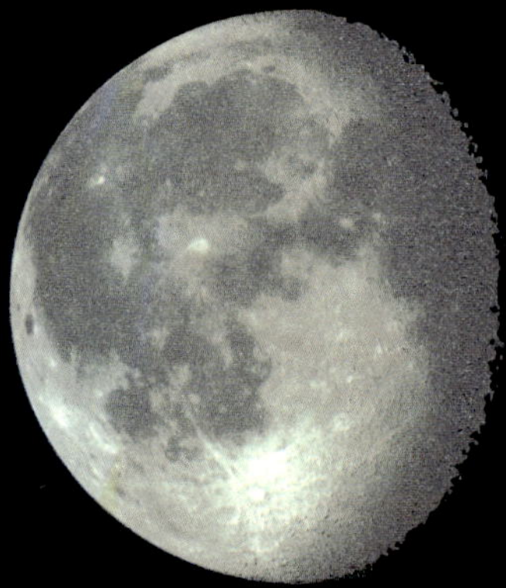

5 Pleine Lune

7 Dernier quartier

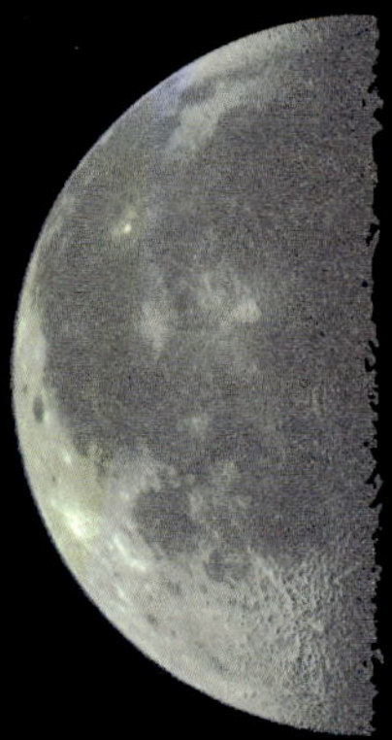

8 Dernier croissant

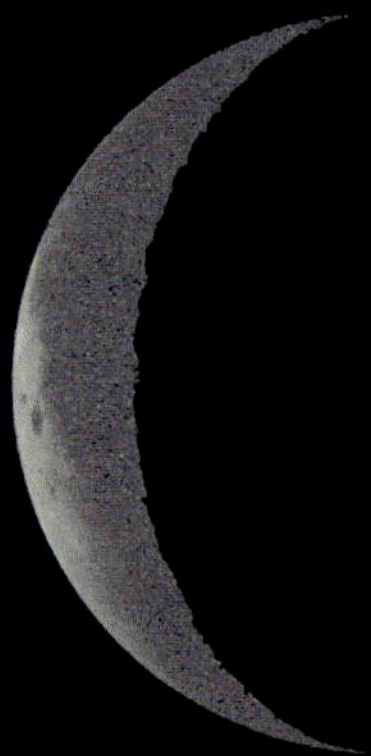

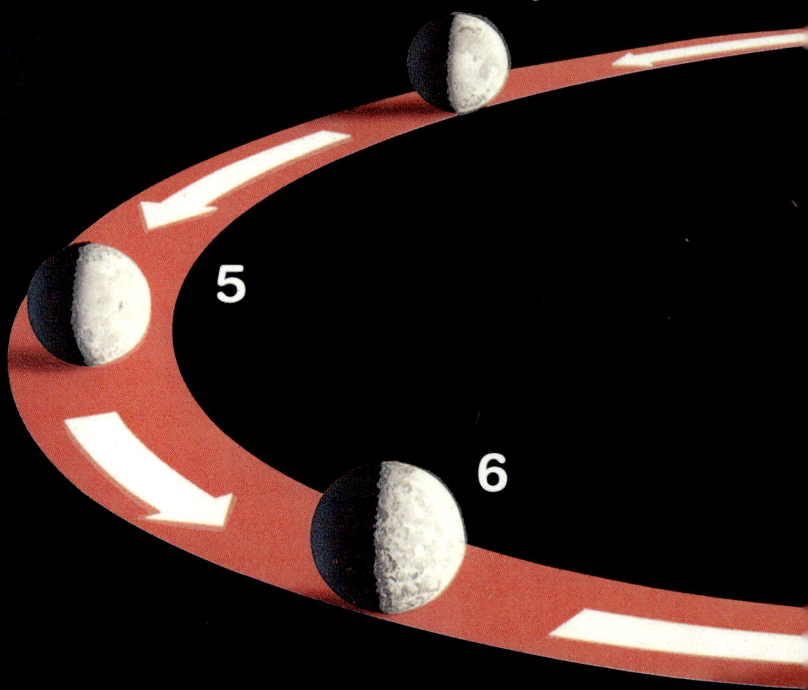

LA LUNE

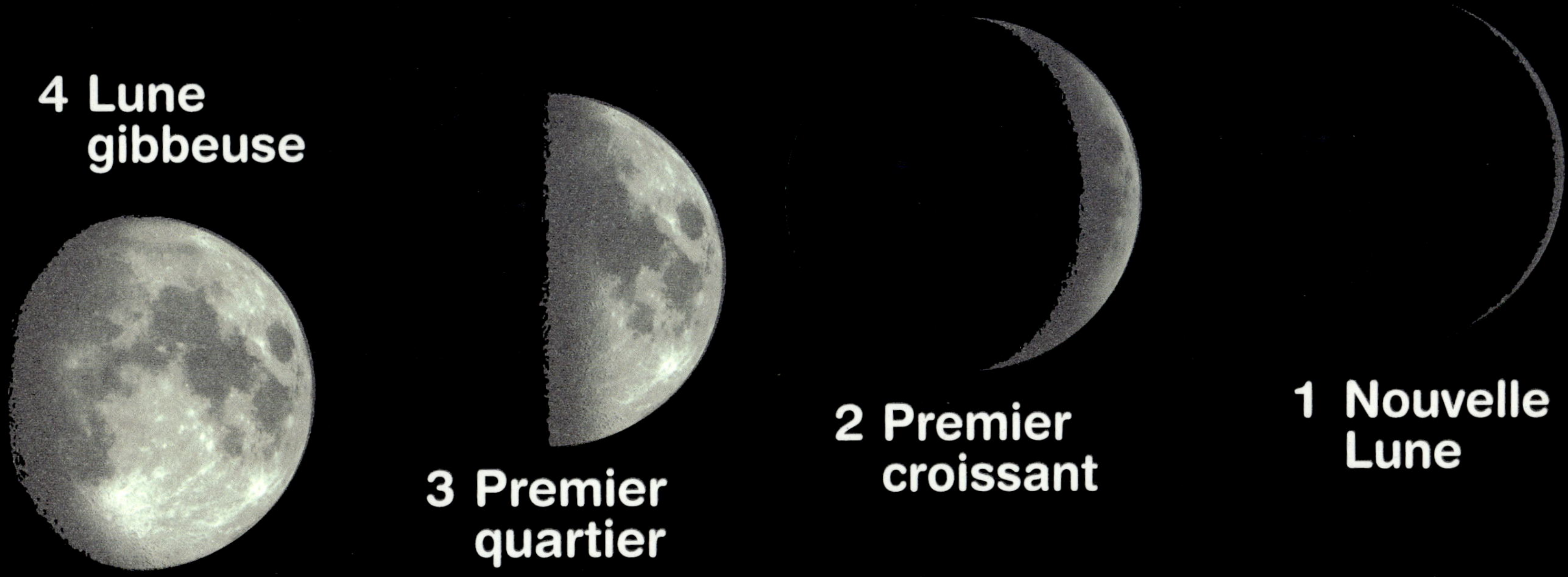

La Lune change d’aspect chaque nuit car la portion de sa surface éclairée par le Soleil varie (*ci-dessus*).

En fait, elle se déplace autour de la Terre et nous en voyons toujours le même côté (*ci-dessous*).

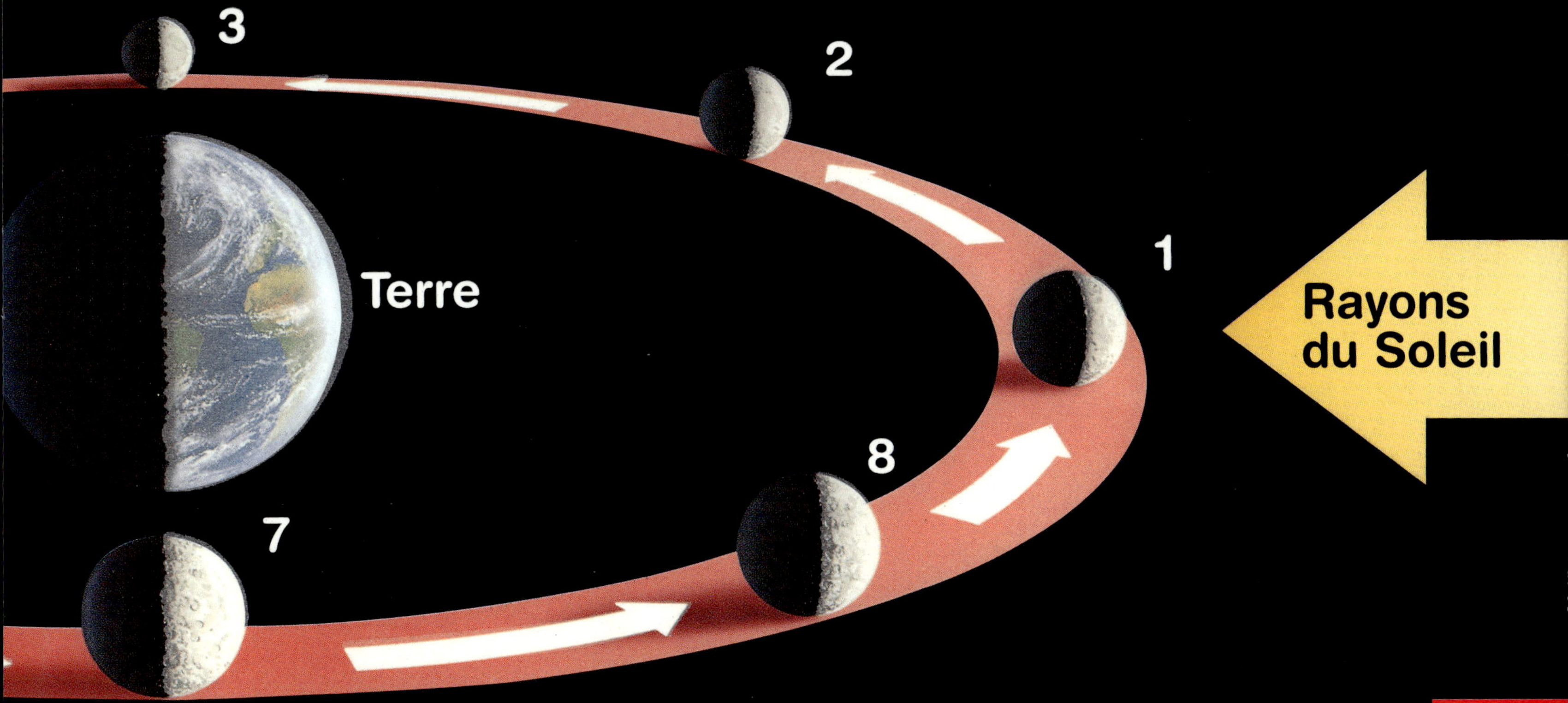

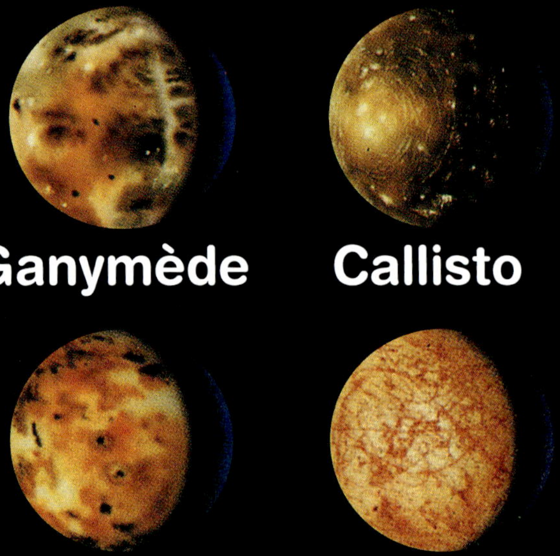

JUPITER pourrait contenir 1300 fois la Terre ! Ses bandes rouges, jaunes et blanches sont le résultat de vents violents.
La grande tache rouge est un énorme cyclone pouvant circuler à 500 km/h !
Ses quatre plus grandes lunes (*en haut à droite*) sont les satellites galiléens.

SATURNE est célèbre pour ses anneaux, composés de milliards de blocs de roche et de glace. Sa lune la plus grosse, Titan, est le seul satellite du système solaire à posséder une atmosphère dense.

LES PLANÈTES GAZEUSES

URANUS tourne autour du Soleil en position très inclinée. Les autres planètes gravitent, elles, autour d'un axe à peu près vertical. Uranus possède 11 anneaux très minces et au moins 17 lunes.

NEPTUNE est une jolie boule bleue où l'on aperçoit quelques nuages légers et parfois des taches sombres. Ses anneaux sont très minces. Son plus gros satellite, Triton, est le monde le plus froid du système solaire.

PLUTON est la plus petite, la plus éloignée des planètes du système solaire. Son énorme satellite, Charon, mesure la moitié de sa taille.

Il y a des années, les hommes ont donné aux formes dessinées par les étoiles des noms de dieux, de héros ou d'animaux légendaires.

LES CONSTELLATIONS

Ces figures célestes sont les constellations. Elles nous permettent de déterminer la position des étoiles, des galaxies et d'autres corps célestes.

Tout ce dont nous connaissons l'existence – étoiles, roches, animaux, hommes, air – fait partie de l'univers. Pratiquement toute chose se trouve au sein des galaxies (*ci-dessous*).

L'univers est probablement né il y a environ 15 milliards d'années suite à une formidable explosion appelée Big Bang. L'énergie, l'espace, la matière – mais aussi le temps – sont nés du Big Bang.

L'UNIVERS

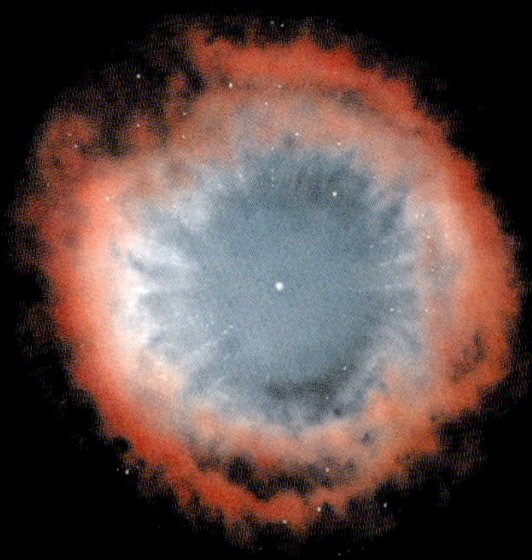

Les étoiles se sont formées à partir d'un nuage de poussières et de gaz qui s'est contracté. Beaucoup, comme le Soleil, brilleront encore pendant plusieurs milliards d'années. Un jour, elles se dilateront pour devenir des géantes rouges puis des supergéantes avant d'exploser en supernova (*ci-dessus*). Seule subsistera une nébuleuse planétaire (*ci-dessous*).

Après l’explosion, les débris de l’ancienne étoile peuvent se contracter en un point minuscule. Tout autour, la force de gravité est telle que rien, pas même la lumière, ne peut s’échapper. Ce sont les trous noirs. Tout ce qui se trouve à leur proximité, comme ici l’étoile bleue, est inexorablement aspiré !

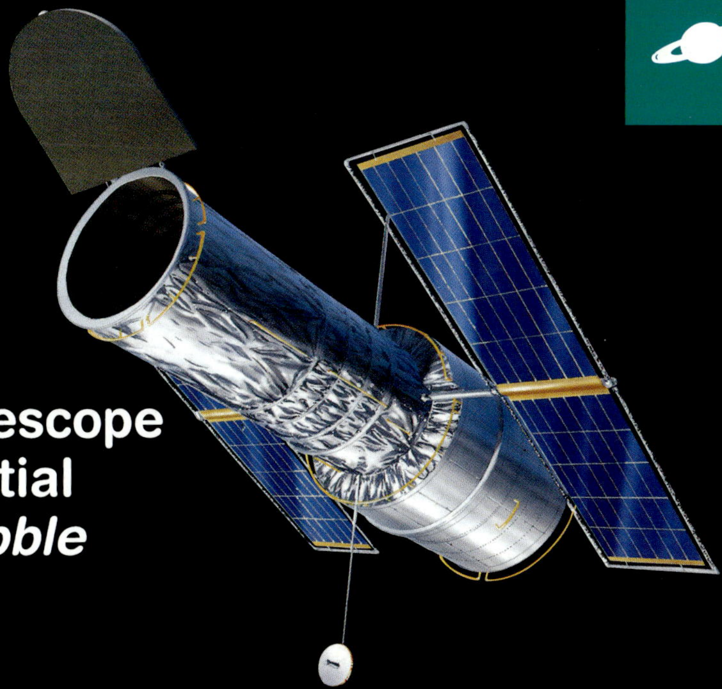

Télescope spatial *Hubble*

Dans l’espace, les distances sont telles que l’on utilise une unité spécifique : l’année-lumière. C’est la distance parcourue en une année par la lumière, sachant que celle-ci se déplace à environ 300 000 km/s. Proxima du Centaure, l’étoile la plus proche de nous après le Soleil, est à 4,2 années-lumière. Les corps connus les plus lointains se trouvent à plus de 13 milliards d’années-lumière !

ASTÉROÏDE Petit corps rocheux gravitant autour du Soleil.

BIG BANG Explosion qui a donné naissance à l'univers.

COMÈTE Corps céleste fait de poussières, de glace et de roche, gravitant autour du Soleil *(ci-dessous)*. Une queue qui peut mesurer 300 millions de kilomètres se forme lorsque les comètes passent près du Soleil.

CONSTELLATION Dessin géométrique formé par les étoiles dans le ciel nocturne.

CRATÈRE Figure en forme de soucoupe présente à la surface de certaines planètes, lunes et astéroïdes.

ÉCLIPSE Disparition momentanée d'une planète provoquée par le passage d'une autre planète.

ÉTOILE Boule de gaz (comme le Soleil) dont le cœur produit de l'énergie.

GALAXIE Énorme amas d'étoiles, de gaz, de poussières et de planètes (*à l'extrémité droite*).

GRAVITÉ Force exerçant une attraction sur tous les objets. La gravité est la force qui permet aux planètes d'orbiter autour du Soleil.

GLOSSAIRE

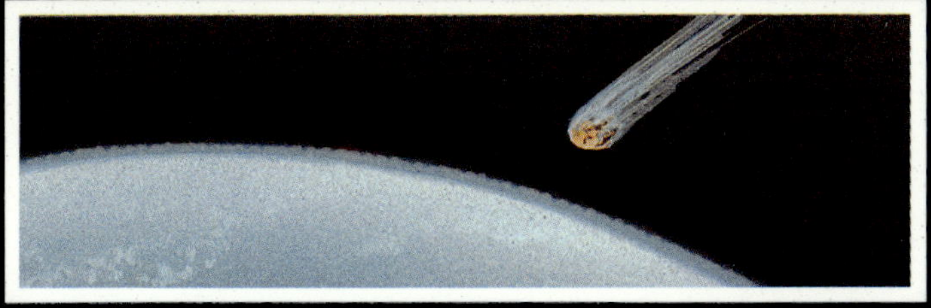

MÉTÉORITE Météoroïde qui tombe depuis l'espace sur une planète ou une lune (*ci-dessus*).

MÉTÉOROÏDE ou MÉTÉORIDE Fragment poussiéreux ou rocheux qui se déplace dans le système solaire. Lorsqu'un météoroïde brûle dans l'atmosphère terrestre, il est appelé météore.

ORBITE Trajet circulaire ou ovale suivi par un objet autour d'un autre dans l'espace.

PLANÈTE Astre tournant autour d'une étoile et qui ne produit pas sa propre lumière.

SUPERNOVA Gigantesque explosion d'une supergéante.

SYSTÈME SOLAIRE Ensemble composé du Soleil, des planètes et de leurs lunes, des comètes, des astéroïdes, des météoroïdes, de poussières et de gaz.

TROU NOIR Zone de l'espace depuis laquelle rien, pas même la lumière, ne peut s'échapper.

UNIVERS Ensemble de tout ce qui existe dans le temps et dans l'espace.

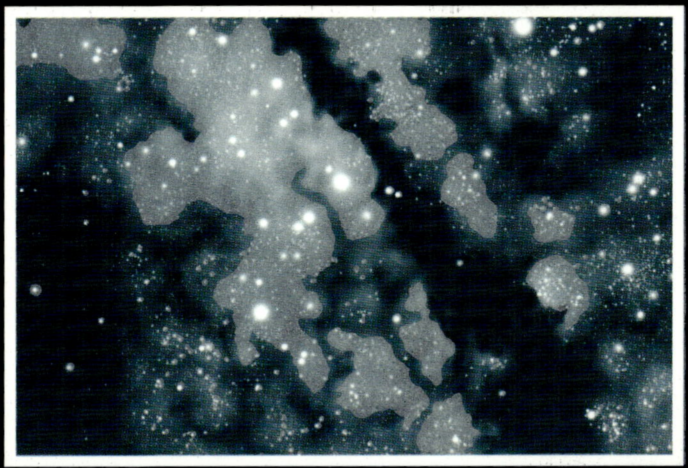

PLANÈTES	DIAMÈTRE	JOUR mesuré en jours ou années terrestres	ANNÉE mesurée en jours ou années terrestres	DISTANCE MOYENNE DU SOLEIL	TEMPÉRATURE EN SURFACE	LUNES
Mercure	4 878 km	58,6 jours	88 jours	58 millions km	-170 à +350 °C	Aucune
Vénus	12 103 km	243 jours	225 jours	108 millions km	490 °C	Aucune
Terre	12 756 km	23 h 56 min	365,26 jours	149,6 millions km	-70 à +55 °C	1
Mars	6 794 km	24,6 heures	687 jours	228 millions km	-137 à +26 °C	2
Jupiter	142 884 km	9,8 heures	11,8 années	778 millions km	-150 °C	Au moins 16
Saturne	120 536 km	10,2 heures	29,4 années	1 427 millions km	-180 °C	Au moins 18
Uranus	51 118 km	17,2 heures	84 années	2 869 millions km	-210 °C	Au moins 17
Neptune	50 538 km	16,1 heures	164,8 années	4 497 millions km	-220 °C	8
Pluton	2 324 km	6,4 jours	248 années	5 906 millions km	-220 °C	1